BEI GRIN MACHT SICH IHR WISSEN BEZAHLT

- Wir veröffentlichen Ihre Hausarbeit, Bachelor- und Masterarbeit

- Ihr eigenes eBook und Buch - weltweit in allen wichtigen Shops

- Verdienen Sie an jedem Verkauf

Jetzt bei www.GRIN.com hochladen und kostenlos publizieren

Bibliografische Information der Deutschen Nationalbibliothek:

Die Deutsche Bibliothek verzeichnet diese Publikation in der Deutschen Nationalbibliografie; detaillierte bibliografische Daten sind im Internet über http://dnb.d-nb.de/ abrufbar.

Dieses Werk sowie alle darin enthaltenen einzelnen Beiträge und Abbildungen sind urheberrechtlich geschützt. Jede Verwertung, die nicht ausdrücklich vom Urheberrechtsschutz zugelassen ist, bedarf der vorherigen Zustimmung des Verlages. Das gilt insbesondere für Vervielfältigungen, Bearbeitungen, Übersetzungen, Mikroverfilmungen, Auswertungen durch Datenbanken und für die Einspeicherung und Verarbeitung in elektronische Systeme. Alle Rechte, auch die des auszugsweisen Nachdrucks, der fotomechanischen Wiedergabe (einschließlich Mikrokopie) sowie der Auswertung durch Datenbanken oder ähnliche Einrichtungen, vorbehalten.

Impressum:

Copyright © 2015 GRIN Verlag
Druck und Bindung: Books on Demand GmbH, Norderstedt Germany
ISBN: 9783668753099

Dieses Buch bei GRIN:

https://www.grin.com/document/428898

Nabi Kavak

Eine Einführung in Komplexe Zahlen

GRIN Verlag

GRIN - Your knowledge has value

Der GRIN Verlag publiziert seit 1998 wissenschaftliche Arbeiten von Studenten, Hochschullehrern und anderen Akademikern als eBook und gedrucktes Buch. Die Verlagswebsite www.grin.com ist die ideale Plattform zur Veröffentlichung von Hausarbeiten, Abschlussarbeiten, wissenschaftlichen Aufsätzen, Dissertationen und Fachbüchern.

Besuchen Sie uns im Internet:

http://www.grin.com/

http://www.facebook.com/grincom

http://www.twitter.com/grin_com

Schriftliche Ausarbeitung zum Thema:
Komplexe Zahlen

Inhaltsverzeichnis

1. Einführung 1
2. Der Ursprung der komplexen Zahlen 2
3. Definitionen der komplexen Zahlen 2
4. Der Körper der komplexen Zahlen 7
5. Abschluss 12

Literaturverzeichnis 13

1. Einführung

Die Komplexen Zahlen gehören zu einer Thematik, welche in der Schulmathematik eher einen geringeren Bekanntheitsgrad hat. Den Schülerinnen und Schülern[1] sind eher die Natürlichen, Rationalen sowie letztendlich die reellen Zahlen bekannt. Vor allem in der Gleichungslehre hat letztere eine wichtige Funktion, denn wenn die Lösungsmenge nicht in ganzen Zahlen definiert ist, so kann x auch nicht die Lösung einer negativen Zahl sein, und bleibt somit leer, was bedeutet, dass die Lösung einer leeren Menge entspricht. Um dies zu verhindern, könnte man durch eine Zahlbereichserweiterung der Variable x eine Lösung zuordnen. Aber trotzdem gelangen die SuS an einen Punkt, an dem sie nicht mehr weiterrechnen können und ihnen allgemein bekannt ist, dass die Wurzel einer negativen Zahl keine Lösung liefert. Sogar der Taschenrechner zeigt dabei „Error" an. Also können die SuS annehmen, wenn der Rechner dies nicht kann, dann gibt es tatsächlich keine Lösung. Auch die meisten Mathelehrer/innen formulieren dies als eine Merkregel: Die Wurzel einer negativen Zahl kann nicht gezogen werden und deswegen stellt die Lösung des gesuchten x eine leere Menge dar. Auch aus eigener Erfahrung, in Bezug auf meine Schulzeit und diversen Nachhilfestunden, kann ich diesen Merksatz bestätigen. Sehr viele begegnen dieser Thematik zum ersten Mal in den Vorlesungen der Universität. Somit wird der altbekannte Merksatz in Frage gestellt und ersichtlich, dass es tatsächlich doch eine Lösung gibt. Diese Lösung schien damals vielen SuS unbekannt gewesen zu sein, da man nur im Bereich der reellen Zahlen gearbeitet und darüber hinaus die komplexen Zahlen außer Acht gelassen hat.

Mit dieser schriftlichen Ausarbeitung werden die Leser/innen eine kurze Einführung über die Thematik der komplexen Zahlen finden – welche als Grundlage in knapper Form erläutern werden sollen – und an die Bedeutung des unbekannten Zahlbereiches herangeführt.

Der Themeninhalt wird zuerst mit einer Motivation beginnen, welche die komplexen Zahlen anhand von Beispielen näher erläutern und die Verbindung zu anderen Zahlbereichen herstellen soll. Weiterhin werden ihre Anwendung und die jeweiligen wichtigen Persönlichkeiten, die sich mit dieser Thematik jahrelang beschäftigt haben, herausgestellt. Des Weiteren erfolgen die jeweiligen Definitionen der komplexen Zahlen, die ausführlich erklärt und beispielhaft dargestellt werden, damit die Leser/innen eine Verbindung herstellen können. Zuletzt wird gezeigt, dass die komplexen Zahlen, wie die rationalen Zahlen, einen Körper bilden. Abschließend wird das Thema mit den verschiedenen Anwendungsgebieten der komplexen Zahlen beendet.

---

[1] Für eine bessere Lesbarkeit wird im weiteren Verlauf für die Formulierung „Schülerinnen und Schüler" oder „Schülerin und Schüler" das Kürzel SuS verwendet.

2. Der Ursprung der komplexen Zahlen

Mit den komplexen Zahlen haben sich die Mathematiker/innen jahrelang beschäftigt. Genauer gesagt, hat dies bereits im 16. Jahrhundert begonnen und allerdings bis zum 19. Jahrhundert gedauert, bis diese Zahlen ihre Akzeptanz in der Mathematik gefunden haben. Betrachten wir diese Gleichung als Beispiel:

$x - 1 = 0$ hat die Lösungsmenge im Bereich der Natürlichen Zahlen L = {1}, aber die Gleichung $x + 1 = 0$ hat keine Lösung und bekommt somit als Antwort L = {} (leere Lösungsmenge). Durch eine Zahlbereichserweiterung zu den ganzen Zahlen, können wir allerdings der Variable x eine Lösung zuordnen, nämlich die -1, demnach hat die Lösungsmenge die Lösung L = {-1}.

Also können wir allgemein feststellen, dass es uns durch die Erweiterung des Bereichs gelingt, die Gleichungen zu lösen. Weiterhin stellt sich die Frage nach der Lösbarkeit der reinquadratischen Gleichungen. Betrachten wir die Gleichung $x^2 - 2 = 0$ und können die Lösungsmenge im Bereich der reellen Zahlen L = {$\sqrt{2}, -\sqrt{2}$} finden, aber die Gleichung $x^2 - 2 = 0$ liefert wiederum eine leere Lösungsmenge, denn $\sqrt{-2}$ kann im Bereich der reellen Zahlen nicht gelöst werden, müssen wir unseren Zahlbereich also mithilfe der komplexen Zahlen erweitern und können somit die folgende These aufstellen, dass $\mathbb{N} \subseteq \mathbb{Z} \subseteq \mathbb{Q} \subseteq \mathbb{R} \subseteq \mathbb{C}$ gilt. Dies bedeutet, dass die reellen Zahlen somit eine Teilmenge der komplexen Zahlen darstellen. Warum dies so ist werden wir im weiteren Verlauf genauer betrachten.

Somit können wir allgemein sagen, dass die einfachste Gleichung $x^2 + 1 = 0$ in $\mathbb{R}$ nicht lösbar ist, denn das Quadrat einer Zahl $a \in \mathbb{R}$ kann nie negativ sein. Somit führte Leonhard Euler eine Zahl „i" ein, die diese Gleichung lösen soll (vgl. Engel 2011: 6). Auch von Bombelli wurde diese Zahl bereits im 16. Jahrhundert vorausgesetzt, welcher die Cardonische Formel näher betrachtet hatte und somit mit den komplexen Zahlen zu einer reellen Lösung kommen konnte (vgl. Padberg 1995: 214). Denn sie setzten voraus, dass $i^2 = -1$ ergeben soll. Hierbei wird bereits ersichtlich, dass es für die Beschäftigung mit bzw. der Anwendung von komplexen Zahlen einiger Definitionen bedarf, welche im Folgenden näher skizziert werden sollen.

3. Definitionen der komplexen Zahlen

Vor dem Hintergrund der letzten obigen Ausführungen kann somit die erste Definition gefolgert werden, welche wie folgt mathematisch beschrieben werden kann:

Definition 1: „Wir setzen i: $= \sqrt{-1}$, d.h. es gilt $i^2 = -1$. Das i wird als imaginäre Einheit bezeichnet" (Kramer 2008: 192).

Dementsprechend werden wir im Folgenden immer mit dieser Definition arbeiten und für jedes i^2 die reelle Zahl -1 einsetzen. Dass das i als imaginäre Einheit bezeichnet wird, ist auf René Descartes zurückzuführen (vgl. Engel 2011: 6). Auch Padberg (1995) gibt an, dass Euler selbst darüber wie folgt spricht: Sie sind „Zahlen, welche ihrer Natur nach ohnmöglich sind, und gemeiniglich imaginäre Zahlen, oder eingebildete Zahlen genannt werden, weil sie bloss allein in der Einbildung stattfinden" (ebd.: 214). Ebenso bezeichne auch Leibniz die komplexen Zahlen als äußerst rätselhaft und geheimnisvoll (vgl. ebd.). Allgemein kann gesagt werden, dass die Bezeichnung „imaginäre Einheit" damals von dem lateinischen „numeri imaginarii" abgeleitet, ins Deutsche übersetzt „eingebildete Zahlen" bedeutet, und bis heute so übertragen wurde.

Quadratischen Gleichungen können somit wie folgt gelöst werden:

$$x^2 + k = 0$$
$$\Leftrightarrow x^2 = -k$$

$x_1 = \sqrt{-k}$ $\qquad\qquad x_2 = -\sqrt{-k}$

$\Leftrightarrow x_1 = \sqrt{-1 \cdot k}$ $\qquad\qquad \Leftrightarrow x_2 = -\sqrt{-1 \cdot k}$

$\Leftrightarrow x_1 = \sqrt{-1} \cdot \sqrt{k}$ $\qquad\qquad \Leftrightarrow x_2 = -\sqrt{-1} \cdot \sqrt{k}$

$x_1 = i \cdot \sqrt{k}$ $\qquad\qquad x_2 = -i \cdot \sqrt{k}$

Durch die Multiplikation mit eins, welche das Ergebnis nicht verändert, und die Anwendung des Wurzelgesetzes sowie der Definition, können die negativen Zahlen, die unter der Wurzel stehen mit diesem Schema gelöst werden.

Nachfolgend kann man auch die Potenzen mit i durch Zerlegen leicht bestimmen, indem beim Rechnen die komplexen Zahlen benutzt werden. Dabei lässt sich eine gewisse Struktur finden, wie folgendes Beispiel deutlich macht:

$i^2 = -1$ (laut Definition1)
$i^3 = i \cdot i^2 = i \cdot (-1) = -i$
$i^4 = i^2 \cdot i^2 = (-1) \cdot (-1) = 1$
$i^5 = i^4 \cdot i = 1 \cdot i = i$

Wenn wir die Rechnung fortführen, kann man feststellen, dass diese Struktur sich wiederholt. Als Regel kann somit festhalten werden: Wenn die Potenz durch vier geteilt wird und kein Rest übrig bleibt, ist das Ergebnis immer 1 und bei einem Rest von eins immer i, bei einem Rest von zwei -1 und letztlich bei einem Rest von drei die Lösung $-i$.

Auch die folgenden Beispiele sollen diese Struktur nochmals erläutern:
- i^{17} →17 geteilt durch vier ist gleich 4 Rest 1 → somit ergibt sich als Lösung von $i^{17} = i$
- i^{18} → 18 geteilt durch vier ist gleich = 4 Rest 2 → somit ergibt sich $i^{18} = 1$

Mit Hilfe der imaginären Einheit können die komplexen Zahlen dargestellt bzw. definiert werden. Dazu kann die zweite Definition aufgestellt werden, welche folgende Inhalte umfasst:

Definition 2: Die Menge $\mathbb{C}: = \{z = a + bi \mid a, b \in \mathbb{R}\}$ bezeichnet die Menge der komplexen Zahlen. Die Variable a ist der Realteil und b·i der Imaginärteil von z. Die Menge der komplexen Zahlen wird symbolisch mit $\mathbb{C}$ notiert (vgl. Engel 2011: 7).

Wenn man die Definition genauer betrachte, stellt z die komplexe Zahl als Gleichung, welche aus den Variablen a und b, Element der bekannten reellen Zahlen besteht, dar. Des Weiteren wird die imaginäre Einheit mit b multipliziert und kennzeichnet somit den Imaginärteil der komplexen Zahl. Schließlich ist festzustellen, dass eine komplexe Zahl auch eine reelle Zahl sein kann, wenn man für b = 0 einsetzt. Somit kann festgehalten werden, dass die reellen Zahlen eine Teilmenge der komplexen Zahlen sein können. Demnach können alle komplexen Zahlen, welche mit dem Realteil gleich null gesetzt (a = 0) werden, als rein imaginäre Zahlen bezeichnet werden (vgl. Padberg 1995: 223f.). Beispiele dazu liefern folgende Gleichungen:
- $z_1 = 3 + 4i$
- $z_2 = 5 + 0i = 5$ (Element der reellen Zahlen)
- $z_3 = 0 + 6i = 6i$ (rein imaginär)

Bei der dritten Definition steht die Addition und Multiplikation der komplexen Zahlen im Vordergrund. Im weiteren Verlauf wird die Darstellung z = a + bi der komplexen Zahlen wegen der Eindeutigkeit dem geordneten Paar (a, b) aus $\mathbb{R} \times \mathbb{R}$ zugeordnet (vgl. ebd.: 219). Somit können die Rechenregeln vereinfacht dargestellt werden. Weiterhin erleichtert diese Schreibweise den Sachverhalt in einem Koordinatensystem zu übertragen. Die genaue Definition wird demnach wie folgt formuliert (ebd.):

Definition 3: „Man definiert in $\mathbb{C}: = \{(a,b) \mid a,b \in \mathbb{R}\}$ eine Addition und Multiplikation durch
- $(a,b) + (c,d) := (a+c, b+d)$
- $(a,b) \cdot (c,d) := (a \cdot c - b \cdot d, a \cdot d + b \cdot c)$"

Die Definition kann wie folgt vereinfacht nachvollzogen werden. Zuerst beginnt man mit der Addition. Gegeben seien zwei komplexe Zahlen mit $z_1 = a + bi$ und $z_2 = c + di$. Die Addition erfolgt durch die Addition der Realteile und der Imaginärteile der beiden komplexen Zahlen:

$z_1 + z_2 = (a + bi) + (c + di)$

$= a + c + bi + di$

$= a + c + i(b + d)$

→ $(a + c, b + d)$

Im Hintergrund wurden die Assoziativität und die Kommutativität angewendet. Nun folgt die Multiplikation, welche nicht so einfach wirkt, wie die Addition. Deswegen gibt es auch keinen klaren Merksatz. Wieder sind zwei komplexe Zahlen gegeben, welche zur Verdeutlichung der Multiplikation verwendet werden (vgl. Engel 2011: 7):

$z_1 \cdot z_2 = (a + bi) \cdot (c + di)$ | Distributivität zwei Mal ausgeführt

$= ac + adi + bci + bdi^2$ | Definition 1: $i^2 = -1$

$= ac + adi + bci - bd$ | Kommutativität, Assoziativität

$= (ac - bd) + (ad + bc)i$

→ $(ac - bd, ad + bc)$

Als Beispiel: Addition der gegebenen komplexen Zahlen

$z_1 = 1+3i$ und $z_2 = 3-2i$

$z_1 + z_2 = (1+3, 3-2) = (4, 1) = 4 + i$

Befassen wir uns nun mit der anschaulichen Darstellung der komplexen Zahlen. Vielen von uns ist bekannt, dass die reellen Zahlen die Zahlengerade vollständig ausfüllt. Die neue Paarschreibweise ermöglicht uns nun die Werte in einem x,y- Koordinatensystem so zuzuordnen, wie es von den reellen Zahlen bekannt ist. Den jeweiligen Punkt bezeichnet man mit z_j ($1 \leq j \leq \infty$). Weiterhin kann zu jeder komplexen Zahl der Vektor OZ_j zugeordnet werden. Somit kann man mit der Addition der komplexen Zahlen einen Vergleich zur Vektoraddition ziehen, denn beide Vorgehensweisen sind identisch. Dabei wird die vertikale Achse bzw. die y-Achse als imaginäre Achse bezeichnet, welches man der Paarschreibweise entnehmen kann, denn die zweite Zahl drückt den imaginären Anteil aus. Die horizontale Achse dagegen wird als reelle Achse bezeichnet, welche den realen Teil der komplexen Zahl abbildet (vgl. Engel 2011: 12). Allgemein kann man die komplexe Zahlen als einen zweidimensionalen Vektorraum mit der Basis {1,i} auffassen. Des Weiteren kann man die komplexen Zahlen mit einer reellen Ebene identifizieren, welche vielen unter der Bezeichnung „Gaußsche Zahlenebene" besser bekannt ist (vgl. Kramer 2008: 193). Denn die Veranschaulichung der komplexen Zahlen in der Gaußschen Zahlenebene hat für die Weiterentwicklung der Mathematik gesorgt. Gauß hat damit zu

Beginn des 19. Jahrhundert die Rätselhaftigkeit der komplexen Zahlen beseitigen können und eine endgültige Lösung für das Sinn-Problem sowie die Frage nach der Existenz und Bedeutung dieser Zahlen gefunden. Hiermit konnte verstanden werden, was eine komplexe Zahl ist und wie sie dargestellt werden kann (vgl. Padberg 1995: 224).

Als Beispiel kann die vorherige Beispielaufgabe erneut aufgegriffen und wie folgt dargestellt werden:

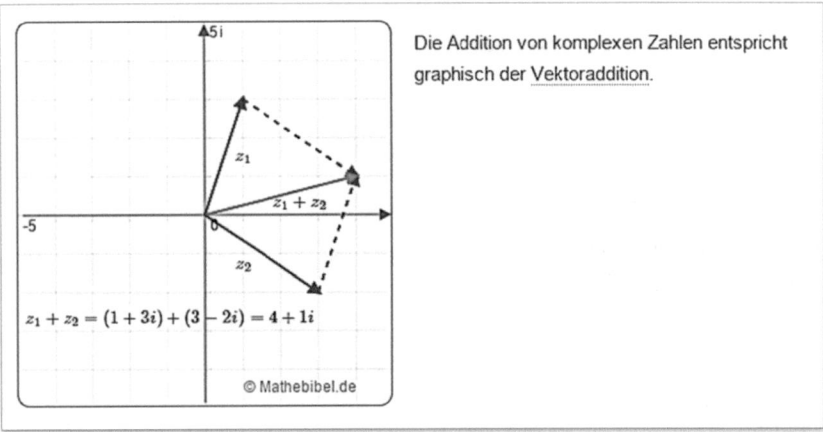

Abbildung 1: Komplexe Zahlen addieren - Graphisch (Quelle: mathebibel.de)

Auch in Bezug auf den Betrag der komplexen Zahlen kann ein Vergleich mit der reellen Zahl hilfreich sein, denn der Betrag im Bereich der reellen Zahlen kann anschaulich als der Abstand des zugeordneten Punktes mit dem Nullpunkt der Zahlengerade gesehen werden. Dementsprechend kann die Vorgehensweise auch zu komplexen Zahlen übertragen werden. Der Betrag der komplexen Zahl, welche mit |z| beschrieben wird, lässt sich mit Hilfe des Pythagoras anschaulich als der Abstand des zugehörigen Punktes z_j von dem auf der Zahlenebene gegebenen Ursprung deuten (vgl. Padberg 1995: 225).

Allgemein kann man diesen Sachverhalt also mit Hilfe der Verbindung mit dem Satz des Pythagoras erläutern: Der ausgehende Vektor OZ_j stellt in Pythagoras die Dreiecksseite c, welche die Länge |z| hat, dar. Folgt man so der Pythagoras Formel, kann der Realteil, als Seitenlänge a, und der Imaginärteil, als Seitenlänge b, übertragen werden. Möchte man von der allbekannten Formel $c^2 = a^2 + b^2$ nur die Seitenlänge c erhalten, kann dies mit Hilfe der Wurzel erfolgen: $c = \sqrt{a^2 + b^2}$.

Durch ersetzen der Variable c mit |z|, kann man die folgende letzte Definition aufstellen (Padberg 1995: 225):

Definition 4: „Gegeben sei die komplexe Zahl z = a + bi. Wir nennen die reelle Zahl $\sqrt{a^2 + b^2}$ den Betrag von z und schreiben hierfür |z|".
Formal ausgeschrieben bedeutet dies: $|z| = \sqrt{a^2 + b^2}$.

4. Der Körper der komplexen Zahlen

Die Bezeichnung Körper wurde im 19. Jahrhundert von dem deutschen Mathematiker Richard Dedekind eingeführt, welcher in der Mathematik eine Grundmenge bezeichnet, die dabei zusätzlich eine Struktur trägt. Allgemein kann gesagt werden, dass der Körper aus einer algebraischen Struktur mit einer Menge in zwei zweistelligen Verknüpfungen, also der Addition und Multiplikation, besteht (vgl. Beutelspacher 2010: 24).

Um die These, dass die komplexen Zahlen bezüglich der Addition und Multiplikation einen Körper bilden, zu bestätigen, müssen einzelne Körperaxiome untersucht werden. Allgemein ist der Körper[2] wie folgt definiert:

K_1) (K, +) ist eine abelsche/kommutative Gruppe

K_2) (K\{0}, ·) ist eine abelsche/kommutative Gruppe

K_3) Für alle a,b,c ∈ K gilt: a · (b + c) = a · b + a· c (Distributivgesetz)

Die Überprüfung der einzelnen Körperaxiome, kann mit dem Nachweis, dass die komplexen Zahlen bezüglich der Addition eine abelsche Gruppe sind, beginnen. Dazu müssen fünf Gruppeneigenschaften überprüft werden. Zuerst beginnt man mit der

1) Abgeschlossenheit: Die Gruppe ($\mathbb{C}$, +) bezüglich der Addition ist abgeschlossen, da das Ergebnis der Addition zweier komplexen Zahlen wieder eine komplexe Zahl bildet (siehe dazu Definition 3).

---

[2] Die Definition des Körpers sowie die Beschreibung der folgenden Punkte der Gruppeneigenschaften sind aus dem Skript der im Sommersemester 2015 stattgefundenen Vorlesung „Titel der Vorlesung" von Dr. Martin Sauer (WWU Münster) entnommen.

2) Assoziativität: Die Gruppe ($\mathbb{C}$, +) ist assoziativ, denn für alle z_1, z_2, z_3 Element der Gruppe gilt $[z_1 \circ z_2] \circ z_3 = z_1 \circ [z_2 \circ z_3]$.

Sei es $z_1 = a + bi$, $z_2 = c + di$ und $z_3 = e + fi$ | (a,b,c,d,e,f $\in \mathbb{R}$) gegeben

Somit gilt: $[z_1 + z_2] + z_3 = [(a, b) + (c, d)] + (e, f)$ | Def. 3 große Klammer

$\qquad\qquad\qquad = [(a + c, b+d)] + (e, f)$ | Def. 3

$\qquad\qquad\qquad = (a + c + e,\ b + d + f)$ | Assoziativgesetz in $\mathbb{R}$

$\qquad\qquad\qquad = (a, b) + [(c+e), (d+f)]$ | Def. 3 rückwärts große Klammer

$\qquad\qquad\qquad = (a, b) + [(c,d) + (e,f)]$

$\rightarrow z_1 + [z_2 + z_3]$

3) Das neutrale Element: Es gibt ein universales neutrales Element in ($\mathbb{C}$, +), das heißt, es gibt ein neutrales Element „z_e", das Element der Gruppe ist, mit $\qquad z \circ z_e = z$ für alle z Element der Gruppe und dieses ist (0, 0).

Sei $z_1 = a + bi$ und das neutrale Element $z_e = 0 + 0i$.

Somit gilt: $z_1 + z_e = (a, b) + (0, 0) = (a + 0, b + 0) = (a, b) = z_1$.

4) Additives Inverses: Jedes z Element der Gruppe hat ein spezielles Element, das heißt, zu jedem z Element der Gruppe gibt es ein z^I (inverses) Element der Gruppe mit $z \circ z^I = z_e$.

Sei $z_1 = a + bi$ und das inverse Element $z^I = -a - bi$.

Somit gilt: $z_1 + z^I = (a, b) + (-a, -b) = (0, 0)$.

Im Allgemeinen kann man daraus folgern, dass ($\mathbb{C}$, +) alle Gruppeneigenschaften erfüllt. Nun möchte man zeigen, dass diese Gruppe auch kommutativ ist. Deswegen wird als nächstes die Kommutativität untersucht.

5) Kommutativität: Die Gruppe ($\mathbb{C}$, +) ist kommutativ, da für die Verknüpfung „o" das Kommutativgesetz gilt: Für alle z_1, z_2 Element der Gruppe gilt: $z_1 \circ z_2 = z_2 \circ z_1$.

Sei $z_1 = a + bi$ und $z_2 = c + di$.

Somit gilt: $z_1 + z_2 = (a, b) + (c, d) = (a + c, b + d) = (c + a, d + b) = (c,d) + (a,b) = z_2 + z_1$.

An dieser Stelle sei zudem auf Folgendes hingewiesen: Bei den Berechnungen wird die Definition 3 vorwärts und rückwärts mehrmals angewendet. Damit dies allerdings nicht unübersichtlich wirkt, wurde der Hinweis bei jedem einzelnen Schritt weggelassen, was zur besseren Lesbarkeit beitragen soll.

Letztendlich kann man durch die Gruppeneigenschaften folgern, dass die Gruppe ($\mathbb{C}$, +) kommutativ ist und somit das erste Körperaxiom erfüllt. Nun soll daher das zweite Körperaxiom in Form des Überprüfens der Gruppeneigenschaften für die Multiplikation der komplexen Zahlen ohne die Null ($\mathbb{C} \setminus \{0\}$, $\cdot$) im Vordergrund stehen.

1) Abgeschlossenheit: Die Gruppe $(\mathbb{C} \setminus \{0\}, \cdot)$ bezüglich der Multiplikation ist abgeschlossen, da das Ergebnis Multiplikation zweier komplexer Zahlen wieder eine komplexe Zahl bildet (siehe dazu Definition 3).

2) Assoziativität: Die Gruppe $(\mathbb{C} \setminus \{0\}, \cdot)$ ist bezüglich der Multiplikation assoziativ, da für alle z_1, z_2, z_3 Elemente der Gruppe Folgendes gilt: $[z_1 \circ z_2] \circ z_3 = z_1 \circ [z_2 \circ z_3]$.

Sei $z_1 = a + bi$, $z_2 = c + di$ und $z_3 = e + fi$ | $(a,b,c,d,e,f \in \mathbb{R})$ gegeben, gilt somit:

$[z_1 \cdot z_2] \cdot z_3$

$= [(a, b) \cdot (c, d)] \cdot (e,f)$ | Def. 3 große Klammer

$= [(ac - bd, ad + bc)] \cdot (e,f)$ | Definition 3

$= (ac - bd) \cdot e - (ad + bc) \cdot f, (f \cdot (ac - bd) + (ad+bc) \cdot e)$ | Distributivgesetz

$= ace - bde - adf - bcf, acf - bdf + ade + bce$ | Distributivgesetz rückwärts

 | Assoziativgesetz in $\mathbb{R}$

$= a(ce - df) - b(de + cf), a(cf + de) + b(ce - df)$ | Definition 3 rückwärts

$= (a, b) \cdot [ce - df, de + cf]$ | Def. 3 große Klammer

$= (a, b) \cdot [(c,d) \cdot (e,f)]$

$\rightarrow z_1 \cdot [z_2 \cdot z_3]$

3) Neutrales Element: Es gibt ein universales neutrales Element in $(\mathbb{C} \setminus \{0\}, \cdot)$, das heißt, es gibt ein neutrales Element „z_e" der Element der Gruppe ist mit $z \circ z_e = z$ für alle z Element der Gruppe und dieses ist (1,0).

Sei $z_1 = a + bi$ und das neutrale Element $z_e = 1 + 0i$.

Somit gilt: $z_1 + z_e = (a, b) + (1, 0) = (a \cdot 1 - b \cdot 0, a \cdot 0 + b \cdot 1) = (a, b) = z_1$

4) Multiplikatives Inverses: Jedes z Element der Gruppe hat ein spezielles Element, das heißt, zu jedem z Element der Gruppe gibt es ein z^I (inverses) Element der Gruppe mit $z \circ z^I = z_e$. Hier ist das inverse Element nicht direkt zu finden, wie bei der Addition. Es muss hergeleitet werden und zwar wie folgt:

Gegeben sei $z_1 = a + bi$, $z_e = 1 + 0i$ und das unbekannte z^I. Somit kann man die folgenden Gleichungen aufstellen:

$(a,b) \cdot (x,y) = (1,0)$

1) $ax - by = 1$

2) $ay + bx = 0$

Schritt 1: Die erste Gleichung nach x umformen und man erhält für $x = \frac{1+by}{a}$

Schritt 2: x in die zweite Gleichung einsetzen

$ay + \frac{b+b^2y}{a} = 0$ | - ay

$\Leftrightarrow \frac{b+b^2y}{a} = -ay$ | · a

$\Leftrightarrow b + b^2y = -a^2y$ | - b²y | Distributivgesetz rückwärts

$\Leftrightarrow \quad b = -(a^2 + b^2)\, y$ | : [-(a² + b²)]

$\quad y = -\frac{b}{a^2+b^2}$

Schritt 3: y in die zweite Gleichung einsetzen

$\quad a\,(-\frac{b}{a^2+b^2}) + bx = 0$ | Multiplikation mit Zähler

$\Leftrightarrow \quad \frac{-ab}{a^2+b^2} + bx = 0$ | - ($\frac{-ab}{a^2+b^2}$)

$\Leftrightarrow \quad bx = \frac{ab}{a^2+b^2}$ | · $\frac{1}{b}$

$\Leftrightarrow \quad x = \frac{ab}{b(a^2+b^2)}$ | b gekürzt im Zähler und Nenner

$\quad x = \frac{a}{a^2+b^2}$

Somit erhält man rechnerisch das inverse Element ($\frac{a}{a^2+b^2}$, $-\frac{b}{a^2+b^2}$). Nun muss überprüft werden, ob der rechnerisch ermittelte Wert tatsächlich das inverse Element ist, denn es gilt z o z⁻¹ = ze.

$z \cdot z^{-1} = (a, b) \cdot (\frac{a}{a^2+b^2}, -\frac{b}{a^2+b^2})$ | Definition 3

$= a \cdot \frac{a}{a^2+b^2} - b \cdot (-\frac{b}{a^2+b^2})$, $a \cdot (-\frac{b}{a^2+b^2}) + b \cdot \frac{a}{a^2+b^2}$ | Multiplikation mit Zähler

$= (\frac{a^2}{a^2+b^2} + \frac{b^2}{a^2+b^2}, \frac{-ab}{a^2+b^2} + \frac{ba}{a^2+b^2})$ | zusammenrechnen | Kommutativgesetz

$= (\frac{a^2+b^2}{a^2+b^2}, 0)$

→ (1,0)

Nun kann man das neutrale Element als Ergebnis ermitteln und damit auch bestätigen, dass das rechnerisch ermittelte inverse Element tatsächlich das inverse Element zu z ist. Alle Gruppeneigenschaften werden bei dieser Gruppe erfüllt. Zuletzt muss noch die Kommutativität überprüft werden, damit sich auch das zweite Körperaxiom erfüllt.

5) *Kommutativität:* Die Gruppe ($\mathbb{C} \setminus \{0\}$, ·), ist kommutativ, da für die Verknüpfung „o" das Kommutativgesetz gilt: Für alle z_1, z_2 Elemente der Gruppe gilt $z_1 \text{ o } z_2 = z_2 \text{ o } z_1$.

Sei $z_1 = a + bi$ und $z_2 = c + di$

Somit gilt: $z_1 \cdot z_2 = (a, b) \cdot (c, d)$ | Definition 3

$= (ac - bd, ad + bc)$ | Kommutativität in $\mathbb{R}$

$= (ca - db, da + cb)$ | Definition 3 rückwärts

$= (c,d) \cdot (a,b)$

$\rightarrow z_2 \cdot z_1$

Somit konnte man die einzelnen Eigenschaften überprüfen und feststellen, dass die Gruppe ($\mathbb{C} \setminus \{0\}$, ·) abelsch ist und das zweite Körperaxiom erfüllt. Zuletzt muss nur noch das dritte Körperaxiom, also der Nachweis des Distributivgesetzes überprüft werden:

Sei $z_1 = a + bi$, $z_2 = c + di$ und $z_3 = e + fi$ | (a,b,c,d,e,f $\in \mathbb{R}$) gegeben, ist zu zeigen, dass $z_1 \cdot (z_2 + z_3) = z_1 \cdot z_2 + z_1 \cdot z_3$ gilt.

Man beginnt mit der linken Seite:

$z_1 \cdot (z_2 + z_3) = (a, b) \cdot [(c, d) + (e, f)]$ | Definition 3 große Klammer

$= (a,b) \cdot [(c + e, d + f)]$ | Definition 3

$= a \cdot (c+e) - b \cdot (d+f), a \cdot (d+f) + b \cdot (c+e)$ | Distributivgesetz in $\mathbb{R}$

$= ac + ae - bd - bf, ad + af + bc + be$

Nun wird verglichen mit der rechten Seite:

$z_1 \cdot z_2 + z_1 \cdot z_3 = (a,b) \cdot (c,d) + (a,b) \cdot (e,f)$ | Definition 3

$= (ac - db, ad + bc) + (ae - bf, af + be)$ | zusammenrechnen

$= ac + ae - bd - bf, ad + af + bc + be$

Nun stellen wir fest, dass die linke Seite gleich der rechten Seite ist. Daraus können wir folgern, dass das dritte Körperaxiom auch gültig ist.

Da alle drei Körperaxiome gültig sind, stimmt die These, dass die komplexen Zahlen bezüglich der Addition und Multiplikation einen Körper bilden. Formal lautet dies wie folgt: ($\mathbb{C}$, +, ·).

5. Abschluss

Vor dem Hintergrund der vorangegangenen Ausführungen konnte festgestellt werden, dass die komplexen Zahlen nicht so komplex sind, wie ihre Bezeichnung dies vermuten lässt. Bei der Durchführung einzelner Rechenschritte konnten viele Verbindungen hergestellt werden, welche bereits von der Thematik der reellen Zahlen her bekannt waren. Den komplexen Zahlen begegnen wir kaum in unserem alltäglichen Leben, deswegen bleiben sie in dieser Hinsicht offenbar weiterhin unbekannt. Im Gegensatz dazu werden sie in vielen Gebieten der Wissenschaft angewendet. Neben der Mathematik werden sie beispielsweise auch im Bereich der Naturwissenschaften und Technik eingesetzt (vgl. Padberg 1995: 213). Nach dem 19. Jahrhundert, in welchem Gauß die Unklarheiten bezüglich der komplexen Zahlen beseitigen konnte, erhielten sie vor allem in den Bereichen der Algebra, Zahlentheorie, Analysis und Geometrie raschen Einzug. In den Naturwissenschaften, insbesondere in der Physik, haben die komplexen Zahlen einen größeren Stellenwert, denn die Theorien der modernen Physik beruhen sehr stark auf der Beschreibung der Natur mit komplexen Wellenfeldern und auch die Grundgleichungen der Quantenmechanik werden mit Hilfe der komplexen Zahlen aufgestellt. Also kann allgemein festgehalten werden: Der heutige Wissenstand hätte ohne die komplexen Zahlen nicht erreicht werden können (vgl. ebd.: 215).

Zuletzt sei darauf hingewiesen, dass in dieser Ausarbeitung lediglich ein Teil dieser facettenreichen Thematik beschrieben werden konnte. Sie sollte daher ein Basiswissen über die komplexen Zahlen im Sinne einer Einführung in diese Thematik vermitteln und interessierte Leser/innen dazu animieren, sich tiefergehend mit den komplexen Zahlen anhand weiterführender Literatur zu beschäftigen.

Literaturverzeichnis

Beutelspacher, A. (2010). Lineare Algebra: Eine Einführung in die Wissenschaft der Vektoren, Abbildungen und Matrizen. 7. Auflage. Wiesbaden: Vieweg + Teubner Verlag.

Engel, J. (2011). Komplexe Zahlen und ebene Geometrie. 2., verbesserte Auflage. München: Oldenbourg Verlag.

Kramer, J. (2008). Zahlen für Einsteiger: Elemente der Algebra und Aufbau der Zahlbereiche. Wiesbaden: Vieweg + Teubner Verlag.

Padberg, F., Danckwerts, R. & Stein M. (1995). Zahlbereiche: Eine elementare Einführung. Berlin: Spektrum Verlag.

Sauer, M. (2015). Skript: Algebraische Strukturen.

Schneider, A. (2015). Komplexe Zahlen addieren. URL: http://www.mathebibel.de/komplexe-zahlen-addieren [Stand: 27.07.2015].

BEI GRIN MACHT SICH IHR WISSEN BEZAHLT

- Wir veröffentlichen Ihre Hausarbeit, Bachelor- und Masterarbeit

- Ihr eigenes eBook und Buch - weltweit in allen wichtigen Shops

- Verdienen Sie an jedem Verkauf

Jetzt bei www.GRIN.com hochladen und kostenlos publizieren